AF586011

CAHIERS DE L'AGRICULTURE

CAHIERS DE 1869

MÉMOIRE

PRÉSENTÉ A L'ENQUÊTE

DE LA

SOCIÉTÉ DES AGRICULTEURS

PAR

M. D'ESTERNO

PARIS

IMPRIMERIE SIMON RAÇON ET COMPAGNIE

1, RUE D'ERFURTH

1870

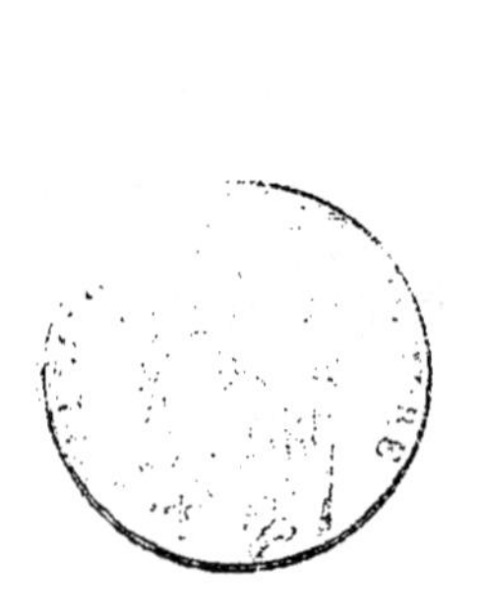

CHAPITRE PREMIER

CONSIDÉRATIONS GÉNÉRALES

Par la circulaire en date du 28 novembre 1869, la Société des agriculteurs ouvre une vaste enquête sur les intérêts et les besoins de l'agriculture, sans en excepter aucun. Elle précise bien cinq points spéciaux, sur lesquels elle appelle, plus particulièrement, l'attention des agriculteurs, *mais cela*, ajoute-t-elle, *sans préjudice des autres questions agricoles d'intérêt général ou local.*

C'est donc une enquête complète que demande la Société des Agriculteurs. Chacun de nous doit lui apporter son tribut de lumière et de documents. La Société s'appropriera ce qu'elle y trouvera de bon et elle écartera le reste.

Il y a quatre-vingts ans, les professions libérales et le tiers état ont produit leurs cahiers qu'on nommait alors les *Cahiers de* 1789 ; ces cahiers ont fait leur chemin. Le tour de l'agriculture est venu, ses cahiers à elle, les cahiers de 1869, feront aussi le leur.

Elle ne demande que ce qu'ont demandé et obtenu ses devancières : l'égalité des professions et la suppression des privilèges que quelques exploiteurs du nouveau régime ont construits à leur profit, sur l'emplacement et avec les vieux matériaux des privilèges détruits de l'ancien régime.

Rendre à chacun ce qui lui appartient ; laisser chacun faire ses affaires à sa guise, sans l'ingérance et l'intervention forcée d'autrui ; pourvoir aux besoins du budget de l'État, mais mettre à néant les charges inutiles et supprimer le budget des privilégiés ; demander que les professions cessent d'être des castes et que l'égalité devant la loi devienne enfin une vérité, tel doit être le programme de l'agriculture.

CHAPITRE II

CRÉDIT AGRICOLE — RÉGIME HYPOTHÉCAIRE

C'est de la constitution du crédit ou de son absence que résulte l'abondance ou la rareté des capitaux, source ordinaire de la richesse ou de la pauvreté. La question du crédit domine donc la totalité des autres questions agricoles.

L'agriculture peut asseoir son crédit sur ses valeurs mobilières et sur ses valeurs immobilières.

Il serait hors de propos de traiter ici la première de ces deux formes de crédit, puisqu'un rapport émanant de la commission spéciale nommée par la Société va lui être présenté au mois de février 1870.

Bornons-nous à un court résumé : les légistes, les négociants, les financiers et en général les professions non agricoles ont fait jusqu'ici tous leurs efforts pour empêcher le crédit mobilier agricole de se constituer. Ils ont entraîné l'administration dans leur mouvement. La plupart voulaient seulement attirer à eux tous les capitaux flottants du pays, et, pour cela, il fallait qu'aucune partie de ces capitaux n'allât se détourner vers les placements agricoles. Les autres croyaient et croient encore avoir un intérêt direct à l'appauvrissement de l'agriculture.

J'ai trop longuement développé ces questions ailleurs pour croire utile de les reproduire ici. Occupons-nous du crédit immobilier, c'est-à-dire de l'hypothèque.

En établissant et en maintenant jusqu'à présent l'assujettissement des valeurs immobilières au système hypothécaire, le législateur s'est proposé un double but. Le premier et le seul sérieux, c'est l'intérêt du fisc et celui des gens de loi.

Le système hypothécaire introduit la main du légiste et celle du percepteur dans toutes les opérations foncières. Il détruit la liberté d'action qui est nécessaire à la circulation des propriétés; il arrête et rançonne toutes les transactions ; il complique et surcharge tout de formalités inutiles. Il fait naître et éternise les procès ; il ruine les familles au profit de la chicane et de l'enregistrement.

Cependant, on essaye de nous faire croire que son principal but est de sauvegarder l'intérêt des familles et de conserver les propriétés immobilières. Triste prétexte à l'aide duquel on voudrait masquer la crudité et l'âpreté des exactions exercées sur la propriété foncière!

On a mis en avant la conservation des droits des incapables ; on nous a parlé de la veuve et de l'orphelin ! mais c'est précisément la veuve et l'orphelin qu'on a pressurés avec un redoublement de cupidité.

Ces mesures oppressives pèsent sur la propriété foncière seulement : et comme si l'on n'avait voulu reculer devant aucune espèce de caprice et d'inconséquence, on a institué en France une grande Société de crédit foncier qu'on a dispensée de toutes ces formalités et de tous ces frais qui entravent et écrasent les autres transactions de prêt immobilier.

Qui pourrait justifier un tel privilége? Et lorsqu'on l'a accordé, comment peut-on encore défendre la loi? Si ces dispositions sont nécessaires à la conservation des droits les plus respectables, comment en exempte-t-on une compagnie favorisée? Et si, comme on nous le dit, l'impôt doit frapper également sur tous, comment par une continuation de la même faveur, en dispense-t-on la même compagnie! Où est l'équité? Où est la sincérité? Où est la logique?

L'établissement de la compagnie du Crédit foncier a eu ceci de bon qu'il a mis au jour l'insanité de notre régime hypothécaire ; il a montré que ceux même qui vantent sa moralité et son influence conservatrice n'y croient pas, puisqu'ils en affranchissent les uns et y assujettissent les autres. Le système hypothécaire est, entre leurs mains, un moyen de pressurer les populations rurales ; ils veulent le faire peser sur les autres, tout en l'empêchant de peser sur eux-mêmes.

Sans le vouloir, ils auront pourtant rendu un service à la nation. La brèche faite par eux au système, ne se fermera plus; il ne s'agit maintenant que de l'élargir et d'y passer en masse.

Le système hypothécaire offre une anomalie qui met en relief, d'une manière bien frappante, l'inexorable voracité du fisc et son profond mépris pour les intérêts privés. Le droit hypothécaire est fixe, quelle que soit la durée de l'emprunt. Empruntez pour dix ans ou pour trois mois vous payerez autant; le droit, qui est onéreux, même dans le premier cas, devient dans le second une véritable confiscation, ou, si l'on veut, une véritable prohibition.

1° L'agriculture doit demander que la simplification des formes hypothécaires accordées aux seules transactions de la compagnie du Crédit foncier soit accordée à toutes les transactions analogues.

2° Que les frais, au lieu d'être fixes, soient proportionnels à la durée du prêt.

CHAPITRE III

POPULATION

Ce n'est pas seulement l'argent que les financiers, les manufacturiers, les légistes et les autres professions non agricoles enlèvent à l'agriculture, avec la tolérance de l'administration ; c'est aussi la population.

A mesure que les capitaux émigrent des campagnes, la population laborieuse les suit naturellement, puisque c'est d'eux qu'elle vit.

La population riche quitte les campagnes pour un autre motif ; c'est qu'il y a eu jusqu'ici un parfait accord entre les classes dominantes en France pour refuser à l'agriculture la considération qui lui est due et pour la reléguer, en toute circonstance, au dernier rang.

L'émigration des capitaux entraîne nécessairement l'abaissement des salaires. C'est dans les villes et les manufactures que se font maintenant les fortunes grandes ou petites.

Quant à la considération à laquelle tiennent tous les hommes riches, on verra au chapitre v quelle est celle que l'agriculture peut espérer.

CHAPITRE IV

ÉDUCATION

L'éducation est un puissant moyen de dépopulation des campagnes. On n'enseigne aux jeunes gens que ce qui peut les engager à s'en éloigner.

De plus les établissements d'éducation sont presque tous enfermés dans les villes. Je ne parle pas seulement des maisons d'internes, mais aussi des grandes écoles pour l'étude du droit, de la médecine, etc. En Allemagne, on fait passer un examen à l'aspirant médecin ou légiste et s'il possède les connaissances requises, on ne songe même pas à lui demander où il les a acquises. En France, on exige des inscriptions ou l'équivalent, ce qui n'a qu'un seul but, c'est de faire sortir des campagnes toute la jeunesse des écoles et de la contraindre à se fixer, trois ans au moins, dans les villes où elle laisse toujours une partie considérable de sa bourse et quelquefois une partie plus considérable de sa moralité, de sa santé et de son bonheur. Elle y laisse aussi le goût de la campagne, où elle ne retourne plus ensuite que comme contrainte et forcée.

Le séjour prolongé des cités ne peut produire que des citadins.

Il serait si facile de transporter les collèges dans les campagnes et de dire : L'examen dispense de toute autre obligation! Seulement, il faudrait pour cela entamer la position de quelques professeurs, et il est malheureusement bien entendu en France que l'on ne doit jamais hésiter à sacrifier l'avenir de mille élèves au bien-être d'un professeur.

CHAPITRE V

REPRÉSENTATION DE L'AGRICULTURE

Jusqu'à présent, l'agriculture a été privée, non-seulement du pouvoir de faire prévaloir ses désirs, mais même du droit de les formuler.

Pour des causes difficiles à justifier, on l'a privée des points de réunions, d'informations, de délibérations et d'action qui étaient si libéralement départis aux professions privilégiées. Les avocats ont leur ordre, les industriels, les notaires, les avoués, les négociants leur chambre, et ces derniers leurs tribunaux en outre ; les agents de change ont leur syndicat. Toutes les professions ont leur représentations. L'agriculture seule en est complétement privée. On lui a seulement donné des chambres consultatives, qui, pour la plupart, ne se réunissent guères, et un conseil général de l'agriculture qui ne s'est pas réuni depuis quinze ou dix-huit ans. Tous ces corps sont non électifs. Quant aux rares chambres consultatives qui se réunissent, elles sont, comme on sait, nécessairement présidées par le personnage de l'arrondissement le plus étranger aux notions les plus élémentaires de l'agriculture. Aussi fonctionnent-elles uniquement comme commission administrative, chargée de fournir à l'administration des renseignements statistiques.

Les grands corps de l'État ne peuvent être considérés comme présentant à l'agriculture une représentation suffisante pour qu'elle puisse se dispenser d'en posséder une autre. Tout le monde sait que l'agriculture est en complète minorité au Sénat, au Corps législatif, au Conseil d'État. Il en est de même des Conseils généraux.

Il y a des Sociétés d'agriculture, dites Sociétés libres. Ces Sociétés libres sont ordinairement sous la coupe du sous-préfet, sans le consentement duquel elles ne délibèrent pas; or toutes les fois qu'une question de quelque gravité se présente, ce consentement est refusé.

On a vu des sous-préfets nommer, en masse, la totalité des membres du bureau de ces Sociétés libres.

Lorsque de nouvelles Sociétés d'agriculture veulent se former, on leur refuse ordinairement l'autorisation; et la Société des agriculteurs en est un mémorable exemple. Elle avait demandé une autorisation dans les premiers jours de son existence, parce qu'elle croyait alors en avoir besoin. On la lui a refusée, et aujourd'hui qu'elle ne la demande plus, parce qu'elle est en mesure de s'en passer, on laisse subsister le refus, comme protestation en désespoir de cause, et comme témoignage de mauvais vouloir impuissant.

Le gouvernement paraît aujourd'hui disposé à entrer dans une voie nouvelle. Aussitôt qu'il sera sorti de la crise qu'il traverse maintenant, son premier soin devrait être de favoriser, par tous les moyens possibles, la reconstitution de l'agriculture. Il devrait, dans son intérêt, s'empresser d'abord d'autoriser la Société des agriculteurs, et, à sa suite, toutes les autres sociétés qui témoigneraient le désir de s'occuper du développement de la première de nos industries.

C'est ainsi qu'il établirait que le temps du privilége est passé et que celui de l'équité et de l'impartialité arrive.

CHAPITRE VI

DIVISION SEMÉE ENTRE LES AGRICULTEURS

Ce n'est pas seulement par voie négative et en les empêchant de se grouper qu'on a maintenu la désunion entre les agriculteurs ; c'est aussi par voie directe et en semant la division entre eux, par toutes sortes de discours et d'écrits.

On a distingué deux sortes de propriétés, la grande et la petite : on a présenté la première comme étant en état d'hostilité permanente avec la seconde et l'on a excité, autant qu'on l'a pu, la jalousie du petit propriétaire contre le grand.

On s'est efforcé de même de semer la zizanie entre le fermier et le propriétaire, et quelquefois on y a réussi. Et l'on n'a pas craint d'exciter contre la propriété foncière les convoitises du prolétaire et d'encourager jusqu'à la rapacité des maraudeurs.

Le principal intérêt des fermiers et propriétaires, petits ou grands, est absolument le même. C'est de se débarrasser du joug de fer que font peser sur eux les privilégiés du nouveau régime.

Cependant ce n'est pas de ces privilégiés seulement que de telles excitations sont venues. Elles sont venues directement aussi de l'administration qui les a semées à profusion dans les discours et les écrits officiels. Y avait-elle quelque intérêt gouvernemental ? Loin de là, le grand intérêt gouvernemental, c'est de voir l'agriculture unie, calme et prospère. Mais, en cela comme en bien d'autres choses, le gouvernement a cédé jusqu'ici à la pression de ceux qui se sont créés de beaux revenus aux dépens de la production agricole à laquelle ils ne contribuent pas et qui voient approcher avec terreur le moment où leurs prérogatives disparaîtront.

Nous devons tous travailler à rapprocher ce qu'on a séparé, à faire disparaître les distinctions fictives qu'on a établies entre nous pour en faire surgir des rivalités, et à n'éloigner de nous que ceux qui s'en rapprochent dans le but unique de nous énerver en nous désunissant.

CHAPITRE VII

IRRIGATION

L'irrigation est probablement la plus fructueuse de toutes les opérations agricoles : elle n'est pas seulement la plus fructueuse au point de vue de celui qui l'exécute : elle est aussi la plus fructueuse au point de vue de l'intérêt général, puisqu'en multipliant les prairies, elle multiplie les matières animales, qui sont maintenant, en France, le principal besoin de la population.

On se rendra compte de l'importance de l'irrigation, si l'on réfléchit qu'elle pourrait s'étendre à plusieurs millions d'hectares ; et cependant, malgré les instances réitérées de l'agriculture, rien n'a pu faire fléchir jusqu'ici l'immuable résolution de l'administration de maintenir une législation qui rend l'irrigation impossible!

Quelles sont les causes de cette bizarre obstination? Il y en a deux.

1° L'administration des ponts et chaussées a pensé jusqu'ici que les cours d'eau étaient faits uniquement pour faire tourner des roues, et que, les étendre sur des prairies, même là où l'industrie n'en fait aucun usage, c'était en priver leurs propriétaires naturels et les enlever aux fabriques futures.

2° L'administration des ponts et chaussées a toujours eu l'idée fixe de s'emparer des travaux d'irrigation à exécuter. Jusqu'ici, elle n'y est pas parvenue; mais, ne pouvant exécuter elle-même, elle a voulu du moins empêcher les travaux de s'exécuter en dehors d'elle, et elle y a complétement réussi.

[1] Ces tristes réflexions sont vraies pour le passé et même pour un passé peu éloigné. Pendant longues années il n'y avait aux ponts et chaussées qu'un seul ingénieur bienveillant, c'était M. Nadaud de Buffon.

Des faits excessivement récents, puisqu'ils ne datent que du mois de décembre 1869, indiquent qu'un esprit nouveau souffle dans les hautes régions des ponts et chaussées et que l'irrigation y compte de vrais amis.

Pour que l'irrigation devienne possible, il faut :

1° Que chaque propriétaire puisse se servir, sans avoir besoin d'une autorisation spéciale, des eaux dont la loi lui donne le droit de disposer.

L'intervention de l'administration des ponts et chaussées, dans un tel cas, n'a d'autre but que de procurer aux ingénieurs un supplément de traitement qu'ils ne gagnent par aucun travail utile.

2° Que le droit de prendre, au-dessus de la propriété irrigable, dans les cas déterminés, les eaux qui ne sont pas utilisées, soit reconnu. C'est ce que je demandais déjà avant 1848, sous le nom de prise en amont.

3° Que les formalités de l'expropriation pour cause d'utilité publique ne soient pas exigées pour de petites irrigations qu'elles rendent complétement impossibles.

4° Que l'administration cesse d'insérer dans les concessions de prises d'eau pour l'irrigation la clause monstrueuse du retrait de la concession, au moment où l'administration le voudra. Nul n'ose se lancer dans une entreprise qui laisse au caprice de l'administration le maintien ou la confiscation d'une propriété créée à grands frais. Cette clause ne rencontre d'analogue en aucun autre point de notre législation, et elle suffit pour empêcher tous les travaux d'irrigation qui pourraient être projetés. Au surplus, c'est bien aussi le but auquel l'administration veut ou du moins voulait atteindre.

Malgré l'importance capitale de l'irrigation, la première question agricole, après celle du Crédit, il n'y a pas d'opportunité à la développer ici, puisqu'une commission spéciale doit présenter, sur elle, un rapport à la Société.

CHAPITRE VIII

DÉLITS RURAUX

1° Les délits commis dans l'intérieur des villes sont toujours poursuivis aux frais du ministère public. Les délits forestiers et ruraux ne le sont jamais. Inégalité choquante qui semblerait indiquer qu'on se préoccupe peu des intérêts et de la sécurité des agriculteurs.

2° Lorsque l'agriculteur poursuit à ses frais le délinquant, il est injurié à l'audience par l'avocat de celui-ci, avec l'assentiment, tacite ou non, du tribunal et du parquet.

3° La condamnation ordonne ordinairement un amende considérable et des indemnités minimes, de sorte que le gouvernement laisse les frais de la poursuite à la charge de l'agriculteur lésé et s'empare des bénéfices qu'elle produit.

4° La condamnation ordonne quelquefois la contrainte par corps : c'est le droit accordé à la partie lésée de prendre à sa charge la nourriture du délinquant; disposition qui ressemble plutôt à une moquerie qu'à une réparation.

CHAPITRE IX

CODE DE PROCÉDURE CIVILE — CODE RURAL

Si l'on veut remonter à la création toute récente du Code de procédure, on trouvera qu'il a été fabriqué tout entier par un homme seul dont le Conseil d'État a complétement accepté le travail, presque sans modifications et sans aucun concours de l'Empereur.

Ce fabricant de Code de procédure, ce Trébonius moderne était maître Pigeau, le plus madré des procureurs de son époque. Du moment où l'on abondonnait la rédaction du Code de procédure à un procureur, il était facile de prévoir qu'il serait rédigé au profit des procureurs, et c'est ce qui ne manqua pas. Seulement, comme les anciens procureurs étaient mal famés et s'étaient déconsidérés par leurs rapines, on leur donna le nom d'avoués pour persuader au public qu'ils faisaient peau neuve et qu'on lui servait une institution améliorée.

Le Code de procédure civile est la grande charte des avoués. Il ne s'occupe de la propriété et de l'agriculture que pour les rendre l'une et l'autre tributaires de ses protégés. Maître Pigeau était profondément convaincu que l'avoué est le dernier mot de la civilisation moderne, le but final auquel toutes nos institutions doivent aboutir. Non-seulement il ne songeait qu'à grossir les contributions qu'on devait frapper à son profit sur les populations rurales, mais il ne pouvait se lasser de répéter le nom de l'avoué : on le trouvera reproduit quinze fois dans les huit articles du Code de procédure, de 75 à 82.

La propriété et l'agriculture ont gémi, soixante-quatre ans, sous le joug du Code de procédure. Aujourd'hui on les berce de l'espoir que ce Code va être réformé. Par qui? Pour qui? En quel sens? Si l'on voulait que ce fût au profit de l'agriculture, on aurait appelé l'agriculture au Conseil.

Puisqu'elle a été écartée, puisque la réforme a été confiée aux Pigeaux de nos jours, c'est au profit des Pigeaux qu'elle sera faite.

La même réflexion doit être appliquée au Code rural. Après plus de quatre-vingts ans d'étude, le premier livre vient de paraître en projet; c'est une reproduction à peu près littérale des dispositions les plus banales et les plus arriérées de nos anciennes coutumes; il s'est élevé parmi les ruraux, un *tolle* général contre l'inintelligence profonde de cette triste compilation.

Comment se fait-il qu'on n'ait pas pris la peine de leur demander leur avis? C'est tout simplement parce qu'on voulait un Code rural qui ne fût pas dans l'intérêt des ruraux. Dès lors il eût été illogique de les consulter.

Et maintenant, si les dispositions de MM. les légistes changent, à quel signe les ruraux pourront-ils reconnaître qu'on veut véritablement travailler dans leur intérêt?

A ce signe, qu'on ne fera jamais leurs affaires sans leur avoir demandé leur avis, avec l'intention de le suivre.

CHAPITRE X

DE LA JUSTICE CONSIDÉRÉE DANS SES RAPPORTS AVEC L'AGRICULTURE

L'agriculture doit être traitée à l'égal des autres industries; il n'y a nul motif pour la priver seule, de la meilleure forme de justice connue, tandis que cette forme de justice est depuis longtemps l'apanage des industries non agricoles. Il faut que ce qui n'a été jusqu'ici qu'un privilége devienne le droit commun et le domaine de tous.

La meilleure justice est celle qui est rendue par des hommes spéciaux, par exemple, en matière de commerce, par des tribunaux de commerce, composés de commerçants choisis par des commerçants.

La plus mauvaise est celle qui est rendue par des hommes étrangers au sujet dont ils doivent connaître, par exemple, en fait d'agriculture, par des légistes choisis par d'autres légistes.

Le légiste devenu magistrat est nécessairement étranger à toute espèce de connaissances agricoles. L'étude du droit et l'exercice de sa profession l'ont fixé constamment dans les villes, où il a pu apprendre à consommer, mais non à produire les fruits que donne l'agriculture.

Et il est, intérieurement, si parfaitement convaincu de son impuissance en fait de questions agricoles que, lorsqu'elles se présentent, il ne manque jamais d'appeler à son secours un auxiliaire plus fort que lui; c'est l'expert! l'expert quelquefois mal choisi, quelquefois insuffisant et de temps en temps vénal!

L'expert ne présente aucune des garanties qu'offre le magistrat; il n'a pas de poste inamovible qui assure son indépendance, pas d'études exigées et d'examens; il n'a pas le respect pour lui-même qu'inspire ordinairement la profession de juge. Il ne risque rien à se vendre, puisqu'au milieu de tant d'experts notoirement achetés à prix d'argent, on n'a jamais vu, à ma connaissance du moins, un exemple de poursuite.

L'expert fait tout ce qu'il veut, et comme il le veut, et, d'ailleurs, il n'est pas toujours facile de le convaincre de corruption. Le justiciable va rarement dire à l'expert : Voilà 100 francs, faites-moi gagner mon procès; non, voici, à peu près, le dialogue qui s'engage.

Le justiciable. — Vous avez une paire de bœufs qui me conviendrait bien. Voulez-vous les vendre ?

L'expert. — Oui.

Le justiciable. — Combien.

L'expert. — 900 francs (les bœufs en valent 800.)

Le justiciable. — Ce n'est pas trop cher; mais seulement, il faut savoir si je pourrai vous les payer; si je perds mon affaire, il ne faut pas que je pense à acheter vos bœufs, il faut que je pense à vendre les miens.

L'expert. — Elle n'est pas mauvaise votre affaire; je crois bien que vous la gagnerez.

Le justiciable. — Alors je prendrai vos bœufs.

Voilà comment les affaires d'expertises se tripotent entre flibustiers campagnards.

D'où il résulte que la justice agricole réunit tous les genres d'inconvénients; les magistrats y apportent l'insuffisance et les experts l'improbité.

Voilà pourquoi la justice agricole n'inspire aux justiciables qu'un seul sentiment, celui d'une terreur profonde, sans aucun mélange de confiance. L'agriculture la subit, comme une désastreuse nécessité, en appelant de tous ses vœux le moment où un esprit plus équitable dans la législation lui permettra de jouir, comme les autres industries, d'une justice éclairée et probe. Cette justice ne peut être espérée que d'hommes spéciaux, nommés par des hommes spéciaux; c'est-à-dire de tribunaux d'agriculture nommés par des agriculteurs.

C'est ainsi que se constituent les tribunaux de commerce. Les commerçants ont donc un privilége.

Nous demandons l'égalité.

★

CHAPITRE XI

DU DROIT DE LA DÉFENSE POUR L'AGRICULTURE

Le négociant, l'industriel, le financier, comparaissant devant un tribunal composé de leurs pairs, prennent la parole ou la font prendre, pour eux, par qui ils veulent. Leur défense est libre.

L'agriculteur est frappé de mutisme par un décret spécial; il doit se présenter, les mains liées et la bouche close, devant le tribunal, pour y écouter silencieusement les torrents d'injures dont il plaît trop souvent aux avocats de l'accabler. Ce n'est pas assez. On lui assigne d'office, non pas précisément l'avocat qui doit le défendre, mais un nombre d'individus parmi lesquels il est tenu de le choisir. L'avocat une fois nommé devient complétement maître de l'affaire de son client. Celui-ci le voit perdre sa cause par une défense malhabile et il lui est interdit de rectifier ou compléter les dires du prétendu défenseur qu'on lui a imposé.

Rien n'est plus inique, plus humiliant et plus partial.

Et il n'y a là-dessous rien autre chose qu'une affaire d'argent. C'est un impôt forcé qu'on frappe sur l'agriculteur au profit des avocats.

Et il n'y a pas même le motif qu'allèguent les officiers ministériels qui ont acheté leurs charges et qui tâchent de faire rentrer leur argent. L'avocat n'a rien acheté, rien payé, et il tâche de faire rentrer l'argent qu'il n'a jamais dépensé.

Et cela ne résulte d'aucune apparence de loi : il en a été décidé ainsi par un décret de 1810.

Il pourrait en être décidé autrement par un décret de 1870.

CHAPITRE XII

LIBRE ÉCHANGE — DROITS DE DOUANE — PROTECTION

Le libre échange considéré dans son ensemble et comme théorie, est une question sans fond et sans limite, du moins quant au temps que demanderait la discussion devant une assemblée comme celle des agriculteurs de France.

Depuis trente ans, on l'agite avec violence dans deux ou trois des cinq parties du monde ; et si elle est entièrement résolue pour les économistes, elle ne l'est même pas partiellement pour les non-économistes.

Si l'assemblée des agriculteurs l'aborde, elle s'y noiera ; mais elle arrivera à une solution prompte, si, laissant le côté général et économique de la question, elle veut se borner à étudier son côté agricole, le seul en réalité qui l'intéresse et sur lequel elle soit complétement compétente.

Ce côté le voici :

L'agriculture n'a point à traiter le côté fiscal de la question. Les impôts sont tous mauvais; mais comme c'est un mal nécessaire, il faut s'y résigner, sauf cependant dans une seule circonstance, celle où les impôts, au lieu d'alimenter le trésor public, qui est la caisse commune de la nation, sont détournés au profit de quelques particuliers et leur constituent un privilége et une rente sur le public.

La protection n'a pas été jusqu'ici autre chose que cela en France, et nous allons le démontrer. Lorsque deux produits sont inégalement protégés, il n'y a en réalité qu'un seul protégé; c'est celui qui l'est le plus. Quel est en effet le résultat de la protection? C'est de faire monter, dans un pays entouré de douanes, le prix d'une denrée déterminée.

Eh bien! prenons un exemple et étudions les effets de deux droits protecteurs inégaux. Les fers sont aujourd'hui protégés par des droits de 15, 20 et 25 pour 100. Prenons pour moyenne 20. Pour la plus grande commodité du calcul, supposons, ce qui n'est pas, que ce droit protecteur ait été le même à l'époque où les laines étaient protégées de 10 pour 100. Le prix de ces deux denrées venant de l'étranger se trouvait surélevé de 20 pour 100, pour les fers, et de 10 pour 100 pour les laines.

Qui payait les 20 pour 100 de surélévation sur les fers? C'étaient tous les nationaux qui consommaient du fer, parmi lesquels se trouvaient les producteurs de laine. Et qui payait les 10 pour 100 sur les laines? C'étaient tous les nationaux qui consommaient de la laine, parmi lesquels se trouvaient les producteurs de fer; de sorte que l'opération se résumait ainsi. Le producteur de fer recevait 20 francs du producteur de laine, auquel il en payait 10; le producteur de laine recevait 10 francs du producteur de fer, auquel il en payait 20. N'aurait-il pas été plus court de dire : le producteur de laine payera 10 francs au producteur de fer qui ne lui payera rien du tout?

Et si cela est plus court et plus clair, pourquoi ne l'a-t-on pas dit? Précisément parce que c'était clair et qu'on voulait, avant tout, être obscur. On voulait surcharger l'agriculture et cependant lui faire croire qu'on la favorisait. On lui disait : Voyez comme nous vous protégeons. On frappe de 10 pour 100 à votre profit les laines étrangères, et, par un défaut d'attention qu'il est temps de faire cesser, l'agriculture ne songeait pas aux 20 pour 100 qu'elle payait sur les fers.

Nous avons pris au hasard les chiffres de 10 et 20 pour 100 : mais nous allons maintenant rechercher les chiffres réels, ils démontreront jusqu'à l'évidence que la protection a été pour l'agriculture une colossale duperie, comme, au surplus, toutes les autres combinaisons auxquelles elle a été mêlée.

Les chiffres suivants sont extraits du *Tableau général du commerce de la France pour l'année* 1860, la dernière avant le traité avec l'Angleterre :

	PAGES.		DROITS PERÇUS. — NOMBRES RONDS.	
PRODUITS AGRICOLES.	118.	Bêtes bovines.........	1/169	de la valeur réelle, soit 6 cent. par 100 fr.
	—	Moutons, porcs, chèvres.		à peu près le même droit.
	124.	Laines...............	1/187	de la valeur réelle, soit 6 cent. par 100
	154.	Céréales diverses......	1/15	— — 7 fr. par 100
	150.	Bois.................	1/155	— — 6 cent. par 100
	178.	Vins.................	1/185	— — 6 — 100
PRODUITS MANUFACTURIERS	166.	Fers et aciers.........	1/5	— — 55 fr. par 100
	197.	Instruments aratoires...	1/10	— — 90 — 100

Ces chiffres sont significatifs.

On protégeait les produits agricoles quelquefois de 7 francs, mais plus souvent de 7 centimes pour 100 francs ; on protégeait les fers tantôt de 35 francs, tantôt de 90 pour 100. C'est-à-dire que l'agriculture payait pour ses outils 90 francs aux fers et que les fers lui payaient en retour 7 centimes.

Tel était le résultat net du système protecteur.

C'était là le bon temps que quelques-uns nous proposent de réclamer et de faire renaître. Car, remarquez-le bien, dans le mouvement protectionniste qui se manifeste, il est rarement question d'accorder une protection égale aux produits agricoles et aux produits manufacturiers. Il est, au contraire, ordinairement question de rendre aux seuls objets manufacturés la protection énorme dont ils jouissaient aux frais de l'agriculture. Mais les heures de la mystification sont écoulées pour l'agriculture : les heures du silence sont écoulées aussi ; elle a maintenant les yeux ouverts et la langue déliée. Elle a été longtemps jouée et rançonnée ; pour toute vengeance, pour toute réparation, elle demande qu'on ne la joue et ne la rançonne plus.

Que l'État établisse des droits de douane modérés ou immodérés, c'est là une question économique qu'on pourrait, à la rigueur, réserver pour la discuter devant un assemblée d'économistes. Mais que l'État établisse des droits de douane égaux, voilà la question vraiment agricole.

Si les protectionnistes veulent se placer sur ce terrain d'équité, je crois que l'agriculture sera prête à leur donner la main.

N. B. — Il pourrait y avoir des réserves à introduire, moyennant compensation, en ce qui concerne certaines denrées alimentaires, certains objets improprement appelés matières premières et les produits de certains pays qui se refusent au libre échange.

CHAPITRE XIII

DES ANIMAUX NUISIBLES

Les plus nuisibles, parmi les animaux à quatre pieds, sont le loup, le renard et le lapin.

Il est peut-être difficile de supprimer entièrement les deux derniers, à cause de leur grand nombre et de leur petitesse ; mais il est facile de les réduire autant que le besoin le demandera. On trouvera, si l'on sait s'y prendre, plus de chasseurs qu'on n'en voudra qui les détruiront par manière de spéculation et pour le seul profit de leurs peaux et de leur chair.

C'est le contraire pour le loup, espèce plus grosse et bien peu nombreuse. On peut le faire disparaître quand on voudra ; mais il faudra payer la destruction, parce que personne ne l'entreprendra gratuitement.

Il y a en France à peu près deux mille loups (je l'ai démontré ailleurs) : quand on payerait 200 francs leur tête, comme l'a demandé le Conseil général de Saône-et-Loire, leur destruction ne coûterait pas 1,000,000 à l'État. Et veut-on savoir ce qu'elle économiserait à l'agriculture ? On pratiquerait immédiatement, en France, les méthodes anglaises d'éducation, d'élevage et d'engraissement en plein air, sans berger, sans chiens, sans écuries. Si l'on calcule les frais de garde et d'hébergages que rend nécessaire la présence des loups pour la totalité des animaux domestiques, on verra que leur destruction épargnerait à l'agriculture française une dépense annuelle de bien plus de 100,000,000 de francs.

On en trouvera la démonstration détaillée dans ma réponse à la question n° 1 du questionnaire de la Société des agriculteurs (*Dépréciation du prix des laines*).

Il faudrait plusieurs années pour faire à peu près disparaître le renard et le lapin ; il n'en faudrait que trois pour faire entièrement disparaître le loup.

Mais, pour conduire à bien une telle opération, il ne faudrait pas en charger des chefs de bureau qui n'ont jamais vu de lapins que préparés en gibelottes et qui ne connaissent le renard et le loup que pour avoir vu la peau de ces animaux cousue en bordure autour de leurs chancelières. Il faudrait en charger quelques chasseurs expérimentés pour qui le renard et le loup seraient, à l'avance, de vieilles connaissances.

Et surtout, il ne faudrait pas compter, pour la destruction de ce dernier animal, sur le concours de MM. les officiers de louveterie qui, en leur qualité de louvetiers, se font un devoir de conscience de veiller à sa conservation et, quand faire se peut, à sa multiplication. Il existe aujourd'hui un accord parfait entre ces honorables officiers et divers autres fonctionnaires pour conserver le loup que ces messieurs considèrent comme leur chasse réservée et comme l'occasion d'un plaisir aristocratique dont ils se réservent le monopole.

Quand on voudra détruire, il ne faudra pas s'adresser à ceux dont l'unique pensée est de conserver.

En prenant des mesures pour la destruction des animaux nuisibles, le gouvernement donnerait à l'agriculture une preuve immédiate d'intérêt qui lui coûterait bien peu et qui ne porterait préjudice à aucun intérêt, si ce n'est aux intérêts voluptuaires de quelques désœuvrés.

RÉSUMÉ ET CONCLUSION

Jusqu'à présent, l'égalité n'a existé en France que de nom.

Les priviléges de naissance avaient été abolis, mais remplacés par les priviléges de profession. Les hommes de loi, les financiers, les fonctionnaires publics, les négociants, les industriels, aussi bien que les autres professions dites libérales s'étaient eux-mêmes fait leur part, et ils avaient eu soin de se la faire bonne ; seulement, ils se l'étaient faite aux dépens de l'agriculture et de la propriété.

Ils accaparaient tous les postes, tous les emplois, toutes les faveurs ; ils dominaient dans nos assemblées législatives, et ils dominaient surtout au Conseil d'État ; ils entouraient à peu près seuls le chef de l'État ; ils mettaient la main sur toutes les entreprises et sur tous les capitaux. Ils étaient les rois de la finance, de la banque et de la Bourse.

Ils y ont fait régner, avec eux, l'agiotage beaucoup plus souvent que la justice, et Plutus plus souvent qu'Astrée.

L'agriculture se tenait humblement à l'écart, ou plutôt on la tenait violemment à distance.

Ces puissants du jour avaient fait ce que font ordinairement les conquérants. Comme ils voulaient qu'il y eut dans l'État deux nations, ils avaient créé deux législations, celle des vainqueurs et celle des vaincus ; ainsi avaient fait les Romains dans leurs provinces, les Francs dans la Gaule et les Normands chez les Anglo-Saxons. C'est à ce besoin que répondaient, par exemple, le Code de commerce et le Code de procédure civile.

L'inégalité avaient été ainsi régularisée, généralisée et légalisée. Ils s'étaient cantonnés dans leur forteresse, et, de même que les châtelains du moyen âge interdisaient autrefois aux communes toute organisation militaire et toute réunion où elles auraient pu s'exercer aux armes, de même ils faisaient interdire à l'agriculture, par le gouvernement, toute réunion où elle aurait pu s'entretenir de ses intérêts et se préparer un avenir meilleur.

Ils considéraient la France comme leur patrimoine ; ils entendaient qu'elle fut exploitée à leur seul profit.

C'est ainsi qu'ils out poussé et maintenu le gouvernement dans une fausse voie et amené la crise actuelle. Heureusement, elle n'est point sans issue ! elle sera bientôt passée, si le gouvernement comprend que les réformes constitutionnelles ne sont qu'un acheminement vers les réformes législatives et économiques, et que c'est en dehors des agitations de la tribune que se trouvent les vrais et solides intérêts du pays.

Le gouvernement s'était mépris sur l'influence de la clientèle qu'il se donnait en multipliant les priviléges ; il n'avait pas réfléchi que le privilége, en lui donnant un ami, celui qui en profitait, lui en ôtait dix, ceux qui en souffraient.

Une ère nouvelle vient de s'ouvrir, ère plus libérale, à ce qu'il semble, plus équitable et plus progressive que celle qui vient de se fermer. Le gouvernement abandonne ses anciens privilégiés : le jour de l'agriculture est venu.

Seulement, ô mes frères en agriculture, rappelez-vous bien qu'on ne fera rien pour vous : mais on vous laissera faire, et vous ne devez pas en demander davantage. On ne fera rien pour vous ! Ce n'est pas précisément parce qu'on ne veut pas ; c'est plutôt parce qu'on ne peut pas et parce qu'on ne sait pas. Les questions agricoles sont, comme toutes les autres, renvoyées au Conseil d'État. Or, malgré la présence des hommes éminents qui président le corps lui-même et la plupart de ses sections, *jamais* un projet agricole ne sortira du Conseil d'État. Le Conseil d'État ne produira jamais un projet agricole, précisément parce qu'il est trop savant. Le Conseil d'État sait par cœur le droit romain, Potier, Cujas, Guy Coquille et toutes nos vieilles coutumes, y compris celle de Beauvoisis. Mais précisément à cause de cela, c'est toujours à sa mémoire qu'il va demander des inspirations et des idées nouvelles. Si vous lui proposez une importation législative empruntée à l'Angleterre ou aux États-Unis, il s'efforcera tout d'abord de rechercher ce qu'en aurait dit Trébonius. Mais si vous prenez la peine de rédiger vous-même le projet de loi que vous ne devez pas attendre d'autrui, le gouvernement sera probablement heureux de tenir de vous ce qu'il ne peut espérer recevoir d'ailleurs.

C'est dans la discussion des intérêts économiques que le pays trouvera son avenir et le gouvernement son salut. Par le temps d'orateurs qui court, il ne faut pas espérer qu'on rendra la tribune muette et il ne faut pas le désirer non plus, il ne faut pas espérer davantage qu'on l'amusera longtemps, d'une part avec l'évocation du spectre rouge et d'autre part avec la reproduction des doctrines du *Vieux-Cordelier*, du *Père-Duchesne* et de Babeuf. Ces discussions-là mènent droit aux révolutions. La nation est lasse de déclamations creuses et de réminiscences historiques ; elle voudrait maintenant qu'on s'occupât de ses intérêts.

C'est à vous, ô mes frères en agriculture, à marcher les premiers dans cette voie, jusqu'à présent délaissée. Vous y trouverez la richesse ; vous y trouverez la reconnaissance du pays et le retour d'une juste part à cette légitime influence qu'on vous a si injustement enlevée et qu'il s'agit de reconquérir.

Mais s'il arrive un jour où vous vous trouviez les maîtres du terrain, comme l'ont été jusqu'ici les autres professions, ne soyez pas exclusifs et rapaces envers elles, comme elles l'ont été envers vous. Songez que leur prospérité vous importe presque autant qu'à elles-mêmes, puisque cette prospérité élargit votre principal débouché et contribue à la richesse publique dont vous profitez.

Montrez-vous un peu hommes d'État et n'oubliez pas que la paix et le bonheur d'une nation ont besoin, pour être stables, non-seulement de la liberté politique, mais encore de la diffusion de l'aisance et du bien-être parmi toutes les classes, et autant qu'il se peut, parmi tous les individus qui les composent.

NOTE DE LA DERNIÈRE HEURE

12 janvier 1870.

Pendant que ces pages s'imprimaient, une grande et pacifique révolution s'est étendue sur notre pays.

Le système qui s'inaugure maintenant a déjà reçu diverses qualifications ; quelques journaux l'appellent le *ministère des honnêtes gens*. Si cette dénomination peut lui rester, il n'en saurait obtenir une plus glorieuse.

Il n'en saurait non plus obtenir une qui lui concilie, à un plus haut degré, les sympathies des agriculteurs. Que demandent ces producteurs si laborieux, si rangés, si modérés dans leurs désirs ? Ils demandent des hommes loyaux qui ne les trompent point ; des hommes justiciers qui ne les exploitent point et ne permettent pas à d'autres de les exploiter ; des hommes bienveillants qui respectent leur liberté, au lieu de les asservir et de les humilier.

Comme premier bienfait, le Ministère vient de donner à la Société des agriculteurs une existence légale.

On s'est aperçu que les agriculteurs étaient des Français comme les autres producteurs, et qu'ils ne devaient pas demeurer à l'état de caste deshéritée. Nous avons obtenu, en huit jours, du nouveau ministère, ce que nous avions vainement sollicité, pendant quarante ans, de ses prédécesseurs. Tout n'est pas fait, il s'en faut ; mais il est aisé de prévoir que tout va se faire.

L'Agriculture en est encore à faire son 1789; mais ce sera un 1789 pacifique et accepté de tous, puisque, plus heureux que nos devanciers, nous avons, d'une part, un souverain qui accepte franchement la constitution, et, d'autre part, l'esprit de Turgot au ministère.

L'Agriculture, constituée maintenant, va se trouver maîtresse de sa propre destinée : on ne fera plus à l'avenir ses affaires sans la consulter, et, par exemple, quand on nommera un ministre spécial de l'agriculture (événement qui semble probable), on lui demandera son avis. Afin de ne pas être prise à l'improviste, elle devrait, dès à présent, fixer son choix et faire connaître ses préférences.

Lors de la dernière crise ministérielle, le ministère spécial de l'agriculture a été débattu, et si l'Agriculture savait quels prétendants étranges n'ont pas craint de se mettre en avant, elle sentirait la nécessité d'appeler l'attention du pouvoir sur des noms sérieux et dignes de confiance.

Je voudrais que d'autres que moi voulussent bien mettre des noms en avant.

En ce qui me concerne, MM. Chevandier de Valdrôme et Buffet n'étant pas disponibles, j'en présenterai trois :

MM. Drouyn de Lhuys,

Hubert de Lisle,

Léonce de Lavergne.

TABLE DES MATIÈRES

PARIS. — IMP. SIMON RAÇON ET COMP., RUE D'ERFURTH, 1.

www.ingramcontent.com/pod-product-compliance
Lightning Source LLC
LaVergne TN
LVHW052016160826
845678LV00003B/1078

* 9 7 8 2 3 2 9 6 5 0 4 3 2 *